BEI GRIN MACHT SICH IHR WISSEN BEZAHLT

- Wir veröffentlichen Ihre Hausarbeit,
  Bachelor- und Masterarbeit

- Ihr eigenes eBook und Buch -
  weltweit in allen wichtigen Shops

- Verdienen Sie an jedem Verkauf

Jetzt bei www.GRIN.com hochladen
und kostenlos publizieren

Andreas Mittag

Zur Notwendigkeit von Demokratisierung und einer „Politik für Entwicklung" in Simbabwe

GRIN Verlag

Bibliografische Information der Deutschen Nationalbibliothek:

Die Deutsche Bibliothek verzeichnet diese Publikation in der Deutschen National-
bibliografie; detaillierte bibliografische Daten sind im Internet über http://dnb.d-
nb.de/ abrufbar.

Impressum:

Copyright © 2009 GRIN Verlag GmbH
Druck und Bindung: Books on Demand GmbH, Norderstedt Germany
ISBN: 978-3-640-36148-9

Universität Potsdam

Mathematisch-Naturwissenschaftliche Fakultät
Institut für Geographie

Zur Notwendigkeit von Demokratisierung und einer „Politik für Entwicklung" in Simbabwe

Seminar: Politische Geographie Afrika (Modul AGG)
Wintersemester 2008/2009

Andreas Mittag

Master – Lehramt an Gymnasien
Geographie, Französisch
1. Fachsemester

Inhaltsverzeichnis

1. Einleitung   3

2. Entwicklung und Demokratisierung   4

2.1 Definitionen   4

2.2 Zum Zusammenhang zwischen Entwicklung und Demokratie   6

3. Simbabwe – eine gescheiterte Demokratie?   8

3.1 Hintergrund der Krise   8

3.2 Einstellung zu Demokratie in Simbabwe   11

3.3 Internationale Reaktionen   12

3.4 Südafrikas „Quiet Diplomacy"   14

3.5 Ausblick   17

4. Fazit   18

5. Literatur- und Quellenverzeichnis   19

1. Einleitung

Zur Krise in Simbabwe wird zum aktuellen Zeitpunkt viel und immer wieder etwas Neues berichtet, sodass ein Zeitungsleser oder Nachrichtenzuschauer leicht den Überblick verlieren kann. Man hört von politischer Unterdrückung, Arbeitslosigkeit, Inflation und einer unkontrollierbaren Choleraepidemie. Bis zu einem gewissen Grad wird der Eindruck vermittelt, dass die Welt nicht so recht weiß, was mit diesem verlorenen afrikanischen Staat zu machen ist.

Vor allem die „stille Demokratie" Südafrikas findet in der Berichtserstattung häufig Erwähnung und stößt ebenso häufig auf Kritik, weil von der Regenbogennation bedeutend mehr Engagement und Verantwortungsbewusstsein erwartet wird. Zur gleichen Zeit fragen sich Südafrikaner und andere Nachbarn, warum die internationale Gemeinschaft nicht zusätzlichen Druck auf Simbabwes Regierung ausübt. Schließlich sind die afrikanischen Nachbarstaaten nun von Flüchtlingen und der übergeschwappten Choleraepidemie betroffen und müssen erst selbst mit dieser hinzugekommen Last zurechtkommen.

In dieser Hausarbeit werde ich mich zunächst mit gewissen theoretischen Grundlagen der Entwicklung und Demokratisierung befassen und mich vor allem auf den Zusammenhang zwischen diesen beiden Prozessen konzentrieren. Anschließend soll anhand des Fallbeispiels Simbabwe die Problematik von Entwicklung und Demokratie beleuchtet werden. Nachdem der Hintergrund der simbabwischen Krise kurz geschildert worden ist, wird auf die Reaktionen der internationalen (auch afrikanischen) Gemeinschaft eingegangen. Hierbei wird ein besonderes Augenmerk auf die Reaktion und Diplomatie Südafrikas gerichtet. Im Anschluss folgen ein kurzer Ausblick und ein Fazit, welches die anfangs beschriebene Theorie mit dem simbabwischen Fallbeispiel zusammenbringt.

2. Entwicklung und Demokratisierung

2.1 Definitionen

Um sich einen theoretischen Überblick zum Thema Entwicklung und Demokratisierung zu verschaffen, bedarf es vorerst einiger Definitionen. Im Weltentwicklungsbericht 1991, auf den Wollnik 1997 in seinen empirischen Untersuchungen zur Demokratisierung und Wirtschaftslage in Afrika Bezug nimmt, wird der Begriff *Entwicklung* folgendermaßen definiert:

> „Entwicklung in einem umfassenderen Sinn schließt andere (als nur die ökonomische Komponente) wichtige und verwandte Aspekte ebenfalls ein, namentlich größere Chancengleichheit sowie politische und bürgerliche Freiheitsrechte. Das Gesamtziel von Entwicklung besteht deshalb darin, die wirtschaftlichen, politischen und bürgerlichen Rechte aller Menschen zu stärken, und zwar unabhängig von ihrem Geschlecht, ihrer Ethnie, Religion, Rasse, Region und Nation."
>
> (Weltentwicklungsbericht 1991; zit. nach Wollnik 1997, S. 15)

In dieser holistischen Begriffserklärung wird außer der traditionell untersuchten wirtschaftlichen Dimension auch sozialen und demokratischen Komponenten Bedeutung geschenkt. *Entwicklung* nach dieser Definition geht neben einem positiven Wirtschaftswachstum auch mit Chancengleichheit, der Beachtung von Menschenrechten und demokratischen Grundlagen einher. Ziel dieser Entwicklung ist folglich nicht nur die Herstellung einer günstigen Wirtschaftslage und stabiler politischer Strukturen, sondern ebenso die Umsetzung von Demokratie und der Abbau jeglicher Diskriminierung und Benachteiligung.

Diese Auffassung deutet bereits darauf hin, dass das Vorhandensein demokratischer Strukturen sowohl Voraussetzung als auch Ergebnis von Entwicklung ist. Umgekehrt bedeutet das Fehlen demokratischer Grundzüge ein Hindernis für jede Art von Entwicklung und den weiteren Ausbau von Demokratie.

Das Indikatorenmodell für das Lebensniveau von Kaiser/Wagner 1988 untersucht, ähnlich wie der Ansatz des Weltentwicklungsberichts, Entwicklung anhand verschiedener Komponenten. Entwicklung setzt sich demnach aus Wachstum, Arbeit, Gleichheit, Wirtschaftliche Unabhängigkeit und Partizipation zusammen. Jede dieser Komponenten ist an gewissen Indikatoren messbar, so kann bspw. die wirtschaftliche Unabhängigkeit am Anteil der Rohstoffe am Export oder die Partizipation der Bevölkerung an der Alphabetisierungsrate ermittelt werden (s. Tab. 1).

Tab. 1: Indikatorenmodell für das Lebensniveau

	Komponenten	Indikatoren
ENTWICKLUNG	**1. Wachstum**	BSP pro Kopf Wachstumsrate des BIP Energieverbrauch pro Kopf
	2. Arbeit	Anteil der Bevölkerung im erwerbsfähigen Alter Erwerbspersonen in der Landwirtschaft Erwerbspersonen in der Industrie
	3. Gleichheit	GINI-Koeffizient Verteilung des Grundbesitzes
	4. Wirtschaftliche Unabhängigkeit	Exportquote Importquote Anteil der Rohstoffe am Export
	5. Partizipation	Alphabetisierungsrate

Quelle: nach Kaiser/Wagner 1988, S. 67

Neben den drei ökonomisch basierten Komponenten *Wachstum*, *Arbeit* und *Wirtschaftliche Unabhängigkeit* spielen in diesem Indikatorenmodell auch wieder demokratische Aspekte wie *Gleichheit* und *Partizipation* eine wesentliche Rolle. Hierbei

werden sowohl die Verteilung von Einkommen, Vermögen und Grundbesitz als auch
der Bildungsstand der Bevölkerung in Betracht gezogen.

Eine weitere Definition, die uns interessieren wird, ist die der *Demokratisierung*. Es
handelt sich hierbei, ebenso wie bei der Entwicklung, um ein prozesshaftes Gesche-
hen. Vilmar 1973 führt folgende Begriffsbestimmung durch:

> „Demokratisierung ist [...] der Inbegriff aller Aktivitäten, deren Ziel es ist, au-
> toritäre Herrschaftsstrukturen zu ersetzen durch Formen der Herrschaftskon-
> trolle von »unten«, der gesellschaftlichen Mitbestimmung, Kooperation und -
> wo immer möglich - durch freie Selbstbestimmung."

(Vilmar 1973, S. 21)

Vilmar weist insbesondere auf das Ziel der Demokratisierung hin, nämlich die Über-
gabe von Macht, die von einer einzigen Instanz ausgeht, an die Bevölkerung, die an
politischen Entscheidungen mitbestimmen und mitwirken soll. Dazu zählt bspw. der
Übergang von einer absoluten Monarchie zu einer konstitutionellen (parlamentari-
schen) Monarchie oder von einer diktatorischen Militärherrschaft zu einer demokratischen Republik. Inwiefern das Produkt der Demokratisierung, die *Demokratie*, mit
Entwicklung zusammenhängt, wird im Folgenden näher erläutert.

2.2 Zum Zusammenhang zwischen Entwicklung und Demokratie

Klassische Modernisierungstheorien beruhen auf der Annahme, dass wirtschaftliches
Wachstum unmittelbar zu demokratischen Politikstrukturen führt. Ein solcher Zusammenhang ist bis heute nicht bewiesen worden. Nichtsdestotrotz hat sich die tradi-
tionelle Leitidee bewähren können, dass Entwicklung und Demokratie miteinander
verbunden sind. Diese Prämisse wurde v. a. durch das „Wegbröckeln" des Ost-West-
Gegensatzes mit dem Ende des Kalten Krieges verstärkt. Entwicklungspolitische Entscheidungen und Maßnahmen waren nunmehr weniger in außen- und sicherheitspo-
litischen Strategien eingebettet (Wollnik 1997, S. 17).

6

Während des Kalten Krieges wurden Entwicklungsländer in Afrika und anderswo, je nach ihrer eigenen politischen Einstellung, entweder von kapitalistischen oder von sozialistischen Staaten (v. a. UdSSR) finanziell unterstützt. Mit solcher Entwicklungshilfe konnten beide politischen Lager geopolitisch bedeutsame Bündnisse schließen. Ob im jeweiligen Empfängerland, das für seine Unterstützung des Kapitalismus bzw. des Sozialismus belohnt wurde, schlechte Regierungsführung, Korruption oder Rentenwirtschaft herrschte, war von wenig Bedeutung:

> „Die Zugehörigkeit zu dem einen oder anderen politischen Lager konnte reichlich Entwicklungshilfe mobilisieren, mit geschicktem außenpolitischem Lavieren zwischen diesen Lagern der gleiche Effekt erzielt werden. Mit Entwicklungshilfe wurde politisches Wohlverhalten des jeweiligen Empfängerlandes honoriert, „bad governance" und wenig entwicklungsorientiertes staatliches Handeln waren Rahmenbedingungen, mit denen die Entwicklungshilfe-Administrationen leben mussten. ... Der politische Stellenwert des jeweiligen Landes bestimmte die Höhe der Entwicklungshilfe."

> (Hammel 1997, S. 12)

Als das Gerangel um strategische Einflusszonen ein Ende nahm, schwand die Notwendigkeit, korrupte und autoritäre Herrscher mit Entwicklungshilfe zu versorgen. Danach erfuhren vor allem in afrikanischen Staaten einige der bereits erwähnten Entwicklungskomponenten (Arbeit, Wachstum usw.) einen starken Rückgang. Dafür traten nun Rechtsstaatlichkeit und die Wahrung von Menschenrechten auf nationaler sowie auf internationaler Ebene in den Vordergrund, sodass eine demokratische Revolutionswelle Afrika erreichte. Viele afrikanische Diktaturen und Scheindemokratien brachen durch nationale Demokratiebewegungen und internationalen Druck zusammen (Wollnik 1997, S. 17).

Im Folgenden soll der afrikanische Staat Simbabwe als praktisches Fallbeispiel herangezogen, wobei die bisher aufgeführten theoretischen Grundlagen der Entwicklung und Demokratisierung (bzw. Demokratie) keineswegs außer Acht gelassen werden sollten.

3. Simbabwe – eine gescheiterte Demokratie?

3.1   Hintergrund der Krise

Die Republik Simbabwe liegt im südlichen Afrika und grenzt an Sambia, Mosambik, Botswana und Südafrika (s. Abb. 1). Der afrikanische Staat erlangte die Unabhängigkeit vom Vereinigten Königreich am 18. April 1980 und wird seit 1987 diktatorisch von Präsident Robert Mugabe (84 Jahre alt) und seiner Partei *Zimbabwe African National Unity – Patriotic Front* (ZANU-PF) regiert.

Abb. 1: Karte von Simbabwe

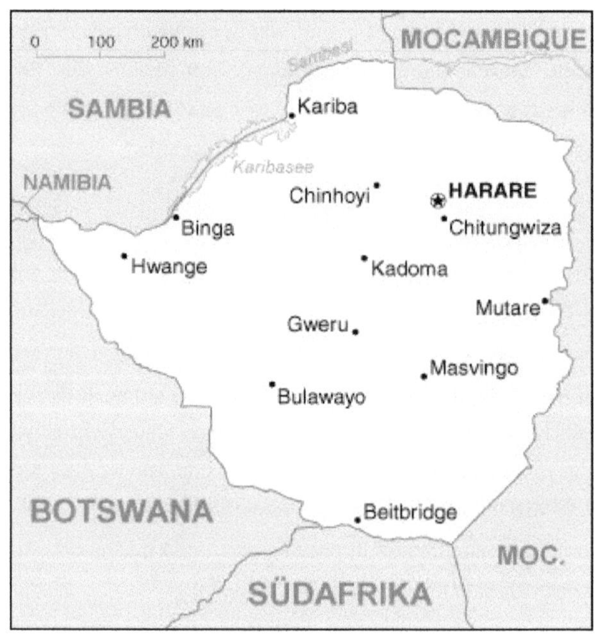

Quelle: http://upload.wikimedia.org/wikipedia/de/a/a5/Simbabwe_karte.png

Seit über einem Jahrzehnt befindet sich Simbabwe in einer wirtschaftlichen Abwärtsspirale. Weite Teile der Industrie liegen brach und die Arbeitslosenquote liegt bei 85 Prozent. Die Inflationsrate beträgt über 231 Mio. Prozent und wird weiterhin ansteigen, solange die Regierung nicht in der Lage ist, der Hyperinflation entgegenzuwirken. Es ist demnach nicht ungewöhnlich, im Supermarkt mit einem Geldschein über 250 Mio. simbabwische Dollar zu zahlen (s. Abb. 2.).

Abb. 2: Geldschein über 250 Mio. simbabwische Dollar

Quelle: http://formaementis.files.wordpress.com/2008/07/250m-zwd.jpg

Bereits drei Millionen Simbabwer, sprich ein Viertel der Gesamtbevölkerung, sind bereits abgewandert, davon ungefähr zwei Millionen ins Nachbarland Südafrika, wo sie sich eine bessere Zukunft versprechen. Neben diesem Brain-Drain ist zu erwähnen, dass etwa 20 % der Bevölkerung an HIV erkrankt ist (Stübig 2007, S. 2).

Seit Ende der 1990er Jahre werden gewaltsame und ordnungslose Landreformmaßnahmen durchgeführt, mit denen die von Weißen dominierten, „kolonialen" Besitzstrukturen beseitigt werden sollen. Folge ist eine Reihe von Ernteeinbrüchen gewesen, nicht zuletzt wegen der mangelnden (land)wirtschaftlichen Kenntnisse der neuen Eigentümer, bei denen es sich meist um simbabwische Kriegsveterane handelt. Heute ist das Land, das einst als *Africa's bread basket* und einer der wichtigsten Exporteure von landwirtschaftlichen Produkten galt, von Nahrungsmittelhilfe abhängig. Hinzu kommt eine Choleraepidemie, die seit August 2008 das Land hart getroffen und sich sogar nach Sambia, Südafrika, Botswana und Mosambik verbreitet hat.

Die Opposition *Movement for Democratic Change* (MDC) unter der Führung von Morgan Tsvangirai (56 Jahre alt) hat sich in eine ernstzunehmende Bedrohung für die regierende ZANU-PF entwickelt. Während Mugabes Partei immer wieder zum Sieger erklärt wird, sind die Wahlen stets von „politischer Repression, Gewalt und Einschüchterung geprägt" (Stübig 2007, S. 2).

Neben der politischen Einschüchterung wird versucht, dem ausufernden Schwarzmarkt entgegenzuwirken, der laut Regierung vor allem in informellen Siedlungen am Rande der Städte ansässig sei. Durch die Operation *Murambatsvina* („Ordnung wiederherstellen") wurden 2005 viele solcher Townships gewaltsam geräumt und zerstört. Etwa 700.000 Menschen waren direkt und 2,4 Millionen indirekt betroffen. Weltweites Aufsehen erregte die ZANU-PF außerdem, als im März 2007 Kundgebungen der MDC brutal aufgelöst und mehrere Parteianhänger, u. a. Oppositionsführer Morgan Tsvangirai, festgenommen und von der Polizei gepeinigt wurden (a. a. O.).

Während der Präsidentschaftswahlen am 29. März 2008 wurden kaum Wahlbeobachter zugelassen, doch die Opposition erwartete nichtsdestotrotz einen Wahlsieg. Die ersten Hochrechnungen prophezeiten einen klaren Sieg der MDC und den Vorsprung Tsvangirais, doch offizielle Wahlergebnisse besagten, dass keiner der beiden Kandidaten eine absolute Mehrheit erlangen konnte. Tsvangirai forderte eine Stichwahl, die Ende Juni stattfinden sollte, zog jedoch infolge von Repressionen und Gewaltakten gegen MDC-Mitglieder seine Kandidatur schließlich zurück. Im September 2008 einigten sich Mugabe und Tsvangirai auf eine Machtteilung, die aber aufgrund „problems in the allocation of key cabinet ministries" (SABC 3 News, 19.01.2009) scheiterte.

Nach langen Verhandlungen zwischen den verfeindeten Parteien ZANU-PF und MDC, der *Southern African Development Community* (SADC), der *African Union* (AU) und Südafrika konnte gewissermaßen ein Abkommen getroffen werden, sodass am 11. Februar 2009 Morgan Tsvangirai als Premierminister eingeschworen wurde, während Robert Mugabe weiterhin das Amt des Präsidenten bekleidet. Ob und inwiefern diese Form des *power sharing* die weitere Entwicklung des Landes positiv beeinflussen wird, bleibt abzuwarten.

3.2 Einstellung zu Demokratie in Simbabwe

Am Ende der 90er Jahre, die das Ende des Apartheidregimes in Südafrika einläuteten,
wurde in Afrika eine Reihe von Umfragen durchgeführt, welche die Einstellung von
Afrikanern zu Demokratie erfassen sollte. Nachdem die Untersuchungen ausgewertet
worden waren, stellte sich heraus, dass in den betreffenden Ländern die Unterstützung für Demokratie viel größer sei als zuerst angenommen (Erdmann 2000, S. 7).
Tabelle 2 stellt die Ergebnisse für die fünf afrikanischen Staaten Botswana, Ghana,
Malawi, Nigeria und Simbabwe dar.

Tab 2: Einstellungen zu Demokratie und anderen Herrschaftsformen in mehreren
Ländern (%), 1999-2000

	Botswana	Ghana	Malawi	Nigeria	Simbabwe
Unterstützung für Demokratie	69	72	88	77	**70**
Ablehnung von					
(1) Militärregime	85	89	82	90	**79**
(2) Einparteistaat	78	80	77	88	**74**
Zufriedenheit mit Demokratie	75	54	57	84	**18**

Quelle: nach Bratton/Mattes 2001, S. 109

Die Werte der letzten Spalte sprechen nicht nur für die Unterstützung für Demokratie
in Simbabwe, sondern vor allem für die Unzufriedenheit der Simbabwer mit ihren
gegenwärtigen demokratischen Strukturen (18 %). Die vergleichsweise geringe Ab-
lehnung eines Militärregimes könnte sich vielleicht aus dieser Unzufriedenheit erklären. Ebenso scheinen Simbabwer weniger Zweifel an einem Einparteistaat als ihre

afrikanischen Kollegen zu haben. Simbabwer unterstützen zwar Demokratie und sind mit ihrer Regierung unzufrieden, doch ein Militärregime oder Einparteistaat wird nicht zwangsläufig als mögliche Bedrohung der ohnehin mangelhaften Demokratie wahrgenommen. Dieser scheinbare Widerspruch mag eventuell mit der Verzweiflung vieler Simbabwer zusammenhängen. Lieber hätte man eine (neue) Diktatur, die gnadenlos die Demokratie wiederherstellt, als unter der aktuellen Regierung weiterhin leben und leiden zu müssen.

3.3 Internationale Reaktionen

In Antwort auf Mugabes repressive Politik wurden bereits 2002 gezielte Sanktionen von der Europäischen Union, den Vereinigten Staaten und gewissen Mitgliedern des Commonwealth gegen die Führungselite Simbabwes (etwa 200 Individuen) erlassen.

Die EU wurden erstmals aufgrund des negativen Wahlbeobachterberichts von 2000 aktiv. Obwohl die treibende Kraft Großbritannien gleichzeitig ehemalige Kolonialmacht war, ließen sich andere EU-Mitglieder nicht von Mugabes Vorwürfe des Neokolonialismus einschüchtern. Als der Leiter der EU-Beobachtungsmission bei den Wahlen 2002 auf Befehl Mugabes nicht ins Land gelassen wurde und die Mission damit als gescheitert galt, reagierte die EU mit Sanktionen. Diese wurden nach der brutalen Niederschlagung der Oppositionskundgebungen und der polizeilichen Misshandlung von MDC-Parteimitglieder im März 2007 erweitert, sodass das gesamte Finanzguthaben der Führungselite eingefroren, ein Einreiseverbot in die EU verhängt und dem Regime ein Embargo von Militärausrüstung auferlegt wurde (Stübig 2007, S. 2f.).

Ebenso einigte sich die Regierung der USA schon früh auf die Verhängung von Sanktionen gegen Firmen und Einzelpersonen. Maßnahmen wie die Einfrierung von Finanzguthaben und Einreiseverbote in die USA traten 2003 in Kraft. Auch das Commonwealth handelte, ähnlich wie die EU, auf einen negativen Wahlbeobachterbericht im Jahre 2002. Großbritannien war hier auch wieder der maßgebende Schrittmacher, der die Isolierung Simbabwes sichern wollte. Nachdem Simbabwe wiederholt aus dem Commonwealth ausgesetzt worden war, entschied sich Mugabe im Dezember 2003 für den endgültigen Austritt aus der Gemeinschaft (Stübig 2007, S. 3f.).

Tab 3: Zusammenfassung der internationalen Reaktionen seit 1997

Jahr	Ereignisse in Simbabwe	Internationale Reaktionen	
		Akteur	Maßnahme
1997	• 1.500 Farmen werden zur Enteignung ausgeschrieben	Großbritannien	• Kompensationszahlungen für die Landumverteilung werden ausgesetzt • Kontrolle der Rüstungslieferungen
1998	• Eskalierende Proteste gegen den Regierungskurs	International	• Landkonferenz in Harare
1999	• Gründung der MDC	IWF	• Einstellung der Zusammenarbeit
		Südafrika	• Beginn der stillen Diplomatie
2000	• Verfassungsreferendum scheitert • Beginn gewaltsamer Farmbesetzungen • ZANU-PF gewinnt die Parlamentswahlen	Großbritannien	• Waffenembargo, Reise- und Finanzsanktionen • Beschränkung der Entwicklungs- und Finanzhilfe
		International	• Kritik an den Wahlen
		Weltbank	• Einstellung der Zusammenarbeit
2002	• Wahlbeobachtermission der EU wird verhindert • Mugabe gewinnt die Präsidentschaftswahlen	EU, USA, Kanada, Schweiz, Neuseeland, Australien (im Folgenden: Westen)	• Waffenembargo, Reise- und Finanzsanktionen • Beschränkung der Entwicklungs- und Finanzhilfe • Kritik an den Wahlen
		Commonwealth	• Aussetzung von Simbabwes Mitgliedschaft
2003	• Austritt aus dem Commonwealth	Weltbank	• Einstellung der Zusammenarbeit
2005	• ZANU-PF gewinnt die Parlamentswahlen • Operation Murambatsvina	Westen	• Kritik an den Parlamentswahlen
		VN, Sicherheitsrat	• Fact-Finding Mission zur Operation Murambatsvina, Diskussion im Sicherheitsrat
2006		AU	• Interne Resolution zur Operation Murambatsvina (wird nicht angenommen)
		SADC	• Nichtöffentliche Kritik beim SADC-Gipfeltreffen • Einsetzung einer neuen Vermittlungsinitiative
2007	• Tsvangirai und andere Oppositionelle werden in Polizeigewahrsam misshandelt • Mugabe kündigt an, bei den Präsidentschaftswahlen 2008 erneut zu kandidieren	Westen, AU, VN-Generalsekretär	• Kritik an der Zunahme gewaltsamer Ausschreitungen
		VN-Menschenrechtsrat	• Mehrfach kritische Debatten
		EU	• Ausweitung des sanktionierten Personenkreises
		SADC	• Forderung, die Sanktionen aufzuheben
		Sambia	• Erste öffentliche Kritik an Mugabe
		Tansania	• Vermittlungsinitiative

Quelle: nach Stübig 2007, S. 3

Im Sicherheitsrat der Vereinten Nationen wurde im März 2007 die Krise in Simbabwe ausführlicher angesprochen. Der UN-Generalsekretär Ban Ki Moon verurteilte die Eskalation der Gewalt in Simbabwe. Doch durch die Sicherheitsratspräsidentschaft Südafrikas, dessen „stille Diplomatie" bis heute reichlich Missbilligung erntet, konnte sich bspw. Großbritannien kaum durchsetzen. Ferner distanziert sich das ständige UN-Sicherheitsrat-Mitglied China wegen der verstärkten wirtschaftlichen Kooperation zwischen Peking und Harare von einer kritischen Beschäftigung mit Simbabwe, sodass in Bezug auf Sanktionen seitens der Vereinten Nationen stets mit dem Veto Chinas gerechnet werden muss (Stübig 2007, S. 4).

Das Regime von Robert Mugabe nutzt den, wenn auch geringen, externen Druck von der EU, den USA und dem Commonwealth zu seinem eigenen Vorteil. Indem wiederholt auf die vermeintlich bösartigen Intentionen der ehemaligen Kolonialmacht und ihrer Verbündeten verwiesen wird, kann die Regierung Mugabes leicht ihre Herrschaft in Simbabwe stabilisieren und rechtfertigen. Nicht selten beschuldigt Mugabe die Briten, sie würden von London aus Simbabwe erneut regieren wollen.

Außerdem weist der externe Druck in der Form von Sanktionen einige Lücken auf, sodass die negativen Auswirkungen oft von der Führungselite umgangen werden können. Nicht zuletzt wegen der Solidarität afrikanischer Regierungen mit Simbabwe und der Unterstützung Chinas wirken bisherige Reaktionen des „Westens" eher harmlos. Die meisten Mitglieder der *Southern African Development Community* (SADC) sowie der *African Union* (AU) üben nur zögerlich Kritik an Simbabwes Regierung. Überraschenderweise verglich jedoch Sambias Präsident Mwanawasa im März 2007 das Land mit der „sinkenden Titanic" und machte Mugabes Politik dafür verantwortlich (Stübig 2007, S. 5). Im Folgenden wird der Akzent auf die Position des SADC- und AU-Mitglieds Südafrika gegenüber Simbabwes Politik gesetzt.

3.4 Südafrikas „Quiet Diplomacy"

Seit 1999 versuchte der damalige südafrikanische Präsident Thabo Mbeki, Gespräche zwischen Vertretern von ZANU-PF und MDC, aber insbesondere zwischen Robert Mugabe und Morgan Tsvangirai, zu vermitteln. Mbeki verzichtete stets auf politischen Druck und war der Ansicht, dass die Simbabwer ihre Probleme ohne äußere Einflüsse lösen sollten. Südafrika und andere SADC-Mitglieder sollten nur eine Vermittlerrolle spielen. Wegen mangelnder Ergebnisse dieser „stillen Demokratie" wurde Mbeki jedoch harsch kritisiert, vor allem nachdem er lediglich seine Enttäuschung über das

Vorgehen der Sicherheitskräfte bei den gewaltsamen Ausschreitungen im März 2007 geäußert hatte (Stübig 2007, S. 5). Obwohl der von Kritikern und den Medien häufig benutzte Begriff der „stillen Demokratie" bzw. „quiet diplomacy" von Thabo Mbeki selbst verleugnet wird, bedarf es einer kurzen Definition:

> "Quiet diplomacy is defined as a combination of measures that include behind the scene engagements, secret negotiations, and subtle coaxing."

> (Dlamini 2001, S. 171)

Die Krise in Simbabwe sowie die Unwirksamkeit der *quiet diplomacy* zeugen gewissermaßen vom geringen Einfluss Südafrikas im südlichen Afrika. Mbeki konnte den Erwartungen der internationalen Gemeinschaft nicht entsprechen, womit Südafrikas regionale Führerschaft in Frage gestellt wird:

> "This crisis of human rights, the rule of law, freedom of the media, and democracy has damaged South Africa's international "good name", and many claim that South Africa, with its material power advantages in the southern African region, has failed Zimbabwe."

> (Prys 2008, S. 13f.)

Prys betont, dass der gute internationale Ruf Südafrikas durch die Krise in Simbabwe und die damit verbundenen Verstöße gegen Menschenrechte, Rechtsstaatlichkeit, Pressefreiheit und Demokratie erheblich angeschlagen sei. Zudem sei von vielen behauptet worden, dass Südafrika trotz materiellen Machtvorteilen im südlichen Afrika Simbabwe im Stich gelassen habe. Anhand eines Interviewauszuges von 2001 weist Prys sowohl auf Mbekis Bewusstsein der benachbarten Gesetzlosigkeit als auch auf seine verzweifelte Position hin:

> BBC: *Mr President, you mention Zimbabwe. You have been trying to persuade Robert Mugabe to moderate his actions. You've been embarrassed by his actions in Zimbabwe, why do you think your talks with him have not proved effective?*

TM: *I don't know. What I know is that we can't afford a complete collapse of Zimbabwe on our borders, so we've got to try and do whatever we can to assist them to get...*

BBC: *...he's not listening, is he?*

TM: *Well he hasn't.*

(Interview von 2001; nach Prys 2008, S. 20)

Einerseits ist sich Mbeki bewusst, dass die simbabwische Krise auch direkte Folgen für Südafrika hat. Andererseits gibt er im Interview offen zu, dass seine „stille Diplomatie" bisher wenig Erfolg zeitigen konnte. Es liegt nahe, der Frage nachzugehen, warum Südafrika die „stille Diplomatie" in einer Situation verwendet, in der Demokratie und Menschenrechte sowie das eigene positive Ansehen bedroht sind.

Quiet diplomacy beruht zum einen auf der Auffassung Mbekis und anderer afrikanischen Staatsmänner, dass Veränderungen in Simbabwe eher von Simbabwern hervorgebracht als von Außenstehenden aufgestülpt werden sollten. Zum anderen beruht das Verhältnis zwischen Mbeki und Mugabe auf historische Beziehungen zwischen den Freiheitsbewegungen der beiden Länder, dem südafrikanischen *African National Congress* (ANC) und der simbabwischen ZANU-PF. Außerdem ist die Solidarität vieler afrikanischer Politiker mit Mugabes fast unantastbaren Position als *liberation hero* zu erklären. Hinzu kommt die Tatsache, dass der ANC über die Jahre zunehmend misstrauisch gegenüber Arbeiterbewegungen wie die simbabwische Oppositionspartei MDC geworden ist (Prys 2008, S. 13f.). Der ANC befürchtete selbst seit langem die Abspaltung einiger Parteimitglieder und wurde am 16. Dezember 2008 unangenehm überrascht, als in Bloemfontein die von ehemaligen ANC-Anhängern bestehende *Congress of the People* (COPE) unter der Führung von Mosiuoa Lekota gegründet wurde.

Ein weiterer Ansatz von Prys deutet darauf hin, dass das Scheitern der „stillen Demokratie" auf ein Missverständnis des Hegemoniekonzepts beruht. Konventionelle Auffassungen der Vorherrschaft werden meist von der globalen US-amerikanischen Dominanz abgeleitet. Südafrikas Hegemonie findet jedoch auf regionaler Ebene statt und erlaubt externe Akteure, Einfluss auf die Region zu nehmen (Prys 2008, S. 4).

16

3.5 Ausblick

Bislang zeigt westlicher Druck keine sichtbar positiven Auswirkungen weder auf die Politik Mugabes noch auf die Situation in Simbabwe. Die zunehmend repressive Gesetzgebung der ZANU-PF wird meist mit Verweis auf neokoloniale Gefahren seitens der EU, USA und des Commonwealth gerechtfertigt. Hierbei wirken Sanktionsmaßnahmen des Westens eher kontraproduktiv und tragen sogar zur Stabilisierung Mugabes Herrschaft bei. Hinzu kommt, dass auch nur wenige Staaten Sanktionen erlassen haben und afrikanische Staaten im Allgemeinen eher lediglich Distanz zeigen als sich den strafenden Maßnahmen anzuschließen (Stübig 2007, S. 7).

Die SADC-Region mit Staaten wie Südafrika, Botswana, Angola, Malawi und Tansania hat bisher kaum Druck auf das Regime Mugabes ausgeübt. Wiederholt behauptet Mugabe, dass der wirtschaftliche Verfall seines Landes auf westliche Sanktionen zurückzuführen sei und versucht damit, die Solidarität der Nachbarländer zu schöpfen. Westliche Staaten sehen ein, dass umfassende Wirtschaftssanktionen ethisch nicht zu verantworten wären. Solche wirtschaftlichen Kosten hätte die jetzt schon hungrige Bevölkerung zu tragen und regimetragende Gruppen würden der Regierung noch näher rücken (Stübig 2007, S. 7). Wann und inwiefern die Demokratisierung erneut Simbabwe erreichen wird, bleibt abzuwarten. Vor allem im Gefolge von Morgan Tsvangirais Amtsantritt als Premierminister sind politische Neuerungen zu erwarten.

4. Fazit

Wirft man nun einen Blick auf die Entwicklungskomponenten, die im Indikatorenmodell für das Lebensniveau von Kaiser/Wagner Erwähnung finden (S. 5), wird die gravierende Situation in Simbabwe erst richtig deutlich. Die Entwicklungskomponenten sind in diesem afrikanischen Staat seit den letzten Jahren schwer beeinträchtigt, sodass man schon von einer rückläufigen Entwicklung sprechen kann. Die Wachstums- und Arbeitskomponenten erleben durch die Misswirtschaft, Hyperinflation und hohe Arbeitslosigkeit einen starken Rückgang, während die angeblich „gerechte" Neuverteilung des Grundbesitzes (insbesondere in der Landwirtschaft) mehr Probleme als Vorteile mit sich gebracht hat. Zudem intensivieren die u. a. infolge von Sanktionen gesunkenen Export- und Importquoten die wirtschaftliche Abhängigkeit des Staates.

Zweifelsohne wurden unter Mugabes Diktatur die Voraussetzungen für eine positive Entwicklung und stabile demokratische Grundstrukturen nicht geschaffen. Simbabwe ist gewissermaßen das Paradebeispiel für eine gescheiterte, obgleich noch zu rettende, Demokratie. Bevor ein neuer Prozess der Demokratisierung in Simbabwe beginnen kann, müssen Maßnahmen getroffen werden, die sowohl der Wirtschaft als auch der Gesellschaft zugute kommen.

> „Fest steht, dass es in einer funktionierenden Mehrparteiendemokratie noch nie eine Hungersnot gegeben hat."
>
> (Amartya Sen, Ökonomie für den Menschen, Nobelpreisträger 1998)

Mit Morgan Tsvangirai als neuer Premierminister wurde eine neue Ära der Machtteilung eingeläutet, die der Oppositionspartei MDC wesentlich mehr Spielraum lassen wird und den ersten Schritt in eine funktionierende Mehrparteiendemokratie bedeuten könnte. Die Notwendigkeit von Demokratisierung und einer „Politik für Entwicklung" ist selbstverständlich nicht nur in Simbabwe anzutreffen. In Zukunft könnten sich möglicherweise viele andere von Diktatoren und Despoten geführte Staaten von Simbabwe, zumindest sprichwörtlich, eine Scheibe abschneiden.

5. Literatur- und Quellenverzeichnis

Bratton, M.; Mattes, R. (2001): Africans' Surprising Universalism. In: Journal of Democracy, 12 (2001) 1, S. 107-121.

Dlamini, K. (2003): Is Quiet Diplomacy an Effective Conflict Resolution Strategy? In: South African Yearbook of International Affairs, 2002/03, 171-78. Johannesburg: SAIIA.

Erdmann, G. (2000): Demokratisierung und Demokraten in Afrika – Zwischenbilanz nach einem Dezennium. In: Afrika-Jahrbuch 2000.

Hammel, W. (1997): Entwicklungsarbeit ist politischer geworden. In: Entwicklung und Zusammenarbeit, 38. Jg. 1997, Nr. 1, Januar.

Kaiser, M.; Wagner, N. (1988): Entwicklungspolitik – Grundlagen-Probleme-Aufgaben. In: Bundeszentrale für politische Bildung (Hrsg.). Bonn.

Prys, M. (2008): Developing a Contextually Relevant Concept of Regional Hegemony: The Case of South Africa, Zimbabwe and "Quiet Diplomacy". In: GIGA Working Papers 77/2008.

Stübig, S. (2007): Wirkungsloser Druck: „Pariastaat" Simbabwe zwischen westlichen Sanktionen und regionaler Solidarität. In: GIGA Focus Afrika 5/2007.

Vilmar, F. (1973): Strategien der Demokratisierung. Darmstadt: Luchterhand.

Wollnik, T. (1997): Demokratisierung und Wirtschaftslage. Empirische Untersuchungen am Beispiel dreier afrikanischer Länder. Bochum: Institut für Entwicklungsforschung und Entwicklungspolitik der Ruhr-Universität Bochum.